DU

GAZ ACIDE CARBONIQUE

COMME

ANALGÉSIQUE ET CICATRISANT DES PLAIES.

PARIS. — RIGNOUX, IMPRIMEUR DE LA FACULTÉ DE MÉDECINE,
rue Monsieur-le-Prince, 31.

DU

GAZ ACIDE CARBONIQUE

COMME

ANALGÉSIQUE ET CICATRISANT DES PLAIES,

PAR

LE Dr E. SALVA,

ancien Élève des Hôpitaux de Paris.

PARIS.

ADRIEN DELAHAYE, LIBRAIRE,

place de l'École-de-Médecine, 23.

1860

TABLE DES MATIÈRES.

Pages.

DU

GAZ ACIDE CARBONIQUE,

COMME

ANALGÉSIQUE ET CICATRISANT DES PLAIES.

Les premières applications de l'acide carbonique à la thérapeutique sont assez anciennes. Ce gaz, que Van Helmont décrivit le premier sous le nom de *gaz sylvestre*, et qui reçut de Joseph Black celui d'*air fixe*, fut appliqué, dès le commencement du siècle dernier, au traitement de diverses affections spécialement du ressort de la pathologie interne ; on le considérait alors comme antiputride, et c'est dans cette vue théorique qu'on en conseilla l'usage dans le scorbut, la fièvre puerpérale, les fièvres putrides, et la phthisie pulmonaire.

Notre intention n'étant pas de traiter ici des applications du gaz carbonique à la thérapeutique médicale, nous nous bornerons à cette énonciation sommaire, et renverrons à l'ouvrage de Sprengel (1), où l'on trouvera sur ce sujet des indications assez complètes.

Les applications de ce gaz à la thérapeutique chirurgicale sont également assez anciennes. A la fin du siècle dernier, l'acide carbonique fut employé en applications externes par un petit nombre d'expérimentateurs, avec des résultats assez satisfaisants. Cependant ces essais tombèrent promptement dans l'oubli; c'est seulement dans ces dernières années qu'ils ont été repris tant à

(1) *Histoire de la médecine*, traduction Jourdan; Paris, 1815, t. V, p. 506 et suivantes.

l'étranger qu'en France, et poursuivis avec la rigueur scientifique. En réalité les usages chirurgicaux de ce gaz sont tout récents, et, on peut le dire en toute assurance, n'ont pas encore dit leur dernier mot. C'est de ces usages que nous allons faire ici l'histoire; mais auparavant nous croyons devoir décrire l'action physiologique du gaz acide carbonique. Nous examinerons successivement :

1° Les effets anesthésiques généraux que produit son inhalation par les voies respiratoires;

2° Son action sur le tégument externe à l'état sain ou dénudé.

ACTION PHYSIOLOGIQUE.

1° *Par les voies respiratoires.*

Nous n'insisterons pas sur l'effet des inhalations d'acide carbonique; on a certainement bien exagéré les effets toxiques de ce gaz dans les cas d'asphyxie par la vapeur de charbon. Quant aux effets délétères de l'air confiné ou vicié par la respiration, ce n'est pas seulement à l'acide carbonique qu'il faut les attribuer; nous croyons qu'on ne tient pas assez compte des miasmes exhalés par le corps humain, miasmes inconnus dans leur nature et encore insaisissables, mais dont l'existence n'en est pas moins incontestable. Il est bien démontré aujourd'hui qu'il faut 12 pour 100 de ce gaz dans l'air pour causer la mort des animaux, et encore cet effet funeste ne se produit qu'au bout d'un certain temps; mais, quand l'acide carbonique est respiré pur ou mélangé à un égal volume d'air, il détermine l'occlusion convulsive de la glotte, et par suite un commencement de suffocation; l'impression qu'il exerce doit même être douloureuse, car M. Herpin (de Metz), dans les expériences qu'il a faites à la grotte du Chien, a observé que les chiens qui ont déjà servi pour ces sortes d'essais résistent de toutes leurs forces quand on veut les faire entrer dans la grotte; il faut les y traîner et les maintenir en place, parce qu'ils se débattent vivement; et, lorsque ces animaux, exposés à l'air après l'expérience, sont revenus au sentiment, ils s'enfuient aussitôt bien loin de la grotte. D'ailleurs, en contact avec la muqueuse nasale, l'acide carbonique l'irrite et la pique vivement.

Mais, quand ce gaz est chimiquement pur et mélangé à une grande quantité d'air, il peut être respiré sans danger. Il y a longtemps d'ailleurs que l'on a fait cette remarque. Voici par exemple ce qu'on lit dans une lettre de Thomas Percival à Priestley, lettre insérée dans les œuvres du célèbre chimiste anglais (1) :

« Manchester, 16 mars 1774. — Dans une suite d'expériences qui n'est pas encore terminée, j'ai eu de fréquentes occasions d'observer qu'on peut respirer l'air fixe en grande quantité sans danger ou incommodité. Et ce qui confirme cette observation, c'est que, à Bath, où les eaux exhalent cet esprit minéral en abondance, les baigneurs le respirent impunément; et à Buxton, où le bain est dans un lieu fermé, on devrait certainement s'apercevoir des effets de ces effluves, s'ils étaient nuisibles. »

Lorsqu'on respire pendant un certain temps de l'acide carbonique mélangé avec une proportion assez considérable d'air atmosphérique ce gaz produit peu à peu l'anesthésie sans suffocation, sans dou-

(1) Percival, *Observations on the medicinal uses of fixed air*, in *Priestley's exper. on different kinds of air*, Appendix, p. 300.

L'ouvrage de Priestley a été traduit en français par Gibelin (Berlin et Paris, 1775); c'est à la page 391 du tome Ier de cette édition française que se trouve la citation qui va suivre. Nous aurons occasion de citer plusieurs fois, dans le cours de ce travail, cet ouvrage, dont nous devons la communication à la bienveillance de M. Leconte, professeur agrégé de la Faculté. Désormais nos indications seront tirées de la traduction française.

leur, sans perturbations graves apparentes; l'insensibilité se manifeste graduellement sans que les traits du visage présentent aucune altération. Le sujet peut être facilement rappelé à la vie même après un temps assez long de mort apparente (1).

Néanmoins on sent bien que l'on ne peut songer à employer ce gaz en inspirations comme agent anesthésique général; aussi ne mentionnerons-nous que pour mémoire la proposition faite par M. Herpin de continuer l'anesthésie produite par le chloroforme au moyen du gaz carbonique mélangé avec une forte proportion (80 à 90 pour 100) d'air atmosphérique.

2° *Action sur la peau.*

L'action de l'acide carbonique sur l'enveloppe cutanée a pu être parfaitement étudiée en Allemagne, pays si riche en eaux minérales gazeuses. Plusieurs faits particuliers avaient depuis longtemps attiré l'attention des médecins allemands sur les propriétés médicamenteuses de ce gaz, lorsqu'un cas de guérison extraordinaire survenue chez un médecin, M. le Dr Struve, aux eaux de Marienbad, vint mettre en vogue ce nouvel agent thérapeutique.

M. Struve a publié lui-même la relation détaillée de sa maladie et de sa guérison : souffrant depuis plusieurs années d'une affection lymphatique très-douloureuse au membre inférieur gauche, il eut un jour l'idée d'exposer sa jambe malade à l'action d'un courant de gaz carbonique qui se dégageait d'une des sources. Assis sur le bord du bassin, il laissa pendre sa jambe dans la couche de gaz ; la première impression qu'il éprouva fut un fourmillement et une chaleur agréable qui alla en augmentant au point de déter-

(1) Les limites de ce travail nous empêchent d'entrer, à ce sujet, dans aucun détail; nous renvoyons au mémoire de M. Ozanam sur les anesthésies, mémoire où l'anesthésie produite par l'acide carbonique est décrite avec soin.

miner une abondante transpiration du membre malade. Lorsqu'il retira son pied du bain gazeux, il fut tout surpris de ne plus ressentir aucune douleur, et même de pouvoir marcher sans le secours de ses béquilles et de son domestique; il continua pendant quelque temps l'usage des bains locaux d'acide carbonique, et partit guéri de Marienbad.

Depuis lors les bains et douches d'acide carbonique ont été institués et fonctionnent régulièrement dans plusieurs établissements spéciaux, et notamment à Marienbad, Carlsbad, Kissingen, Eger, Nauheim, Canstadt, Memberg, Cronthal, etc.

La première impression que l'on éprouve en pénétrant dans la couche de gaz carbonique est une sensation de chaleur douce et agréable, analogue à celle que produirait un vêtement de laine fine ou de la ouate. A cette sensation de chaleur succède un picotement, un fourmillement particulier, surtout au périnée; les douleurs anciennes, notamment celles des vieilles blessures, se réveillent; la peau devient rouge et se couvre d'une transpiration abondante acide; la sécrétion urinaire est considérablement augmentée. La sensation de chaleur et la transpiration continuent pendant plusieurs heures après que l'on est sorti du bain.

Ce n'est pas seulement dans les établissements d'eaux minérales que ces phénomènes ont pu être constatés.

Ainsi, voici ce qu'on trouve dans Breislak, à l'occasion de la grotte du Chien :

« L'entrée dans la mofette s'annonce par une sensation de chaleur aux pieds et à l'extrémité des jambes qui n'a rien d'incommode. Le même effet se fait sentir dans les grandes mofettes de Latera du duché de Castro. Nombre d'observations faites dans la grotte du Chien m'ont prouvé que l'exhalaison y avait une chaleur propre diverse de celle de l'atmosphère, et que j'ai trouvée répondre à environ 3 degrés Réaumur..... » (Breislak, *Voyage dans la Campanie,* t. II, p. 54.)

De même encore, lors de la communication de la note de M. Herpin à l'Académie des sciences, M. Boussingault raconta qu'il avait eu l'occasion de constater la singulière sensation de chaleur que le contact du gaz acide carbonique *froid* développe sur la peau, à une époque où elle n'avait pas encore été signalée; ce fut dans ses voyages aux Cordilières, à l'azufral (soufrière) du *Quindiu* : en descendant dans des cavernes et des mines où se dégage une grande quantité d'acide carbonique, il ressentit une chaleur suffocante qu'il évalua à 40 degrés centigrades, et un picotement très-vif dans les yeux; son visage devint fortement coloré; lorsqu'il sortit, il transpirait abondamment. Une heure après, redescendu dans l'excavation, il éprouva la même sensation de chaleur, le même picotement dans les yeux; grande fut sa surprise de voir que le thermomètre indiquait seulement 19°,5, tandis que la température extérieure était de 22°,2 à l'ombre.

Ce pouvoir caléfacteur, dû à l'acide carbonique, s'exerce non-seulement à l'état de gaz sec, mais encore dans les eaux minérales qui en contiennent une grande quantité. Le fait avait été constaté bien antérieurement à la note de M. Herpin. Voici ce qu'on peut lire à ce sujet dans la thèse inaugurale de M. le Dr Moussel (*Traitement curatif de la diathèse scrofuleuse,* 30 mars 1835, n° 78, p. 16). Il s'agit des effets observés sur lui-même avec l'eau vésuvienne de Naples, qui contient une grande quantité de gaz acide carbonique libre (11 grammes par litre environ) :

« L'eau vésuvienne fait éprouver, au moment de l'immersion, la même sensation qu'un bain frais. Elle dépose promptement à la périphérie du corps une prodigieuse quantité de petites perles argentines, qui se détachent par le frottement et montent à la superficie, où il est facile de les recueillir : ce sont des bulles d'acide carbonique. Au bout de dix minutes, le bain paraît chaud. Après une demi-heure, il produit une démangeaison, un picotement général très-incommode; le pouls est plein, la respiration et la circulation sont accélérées. Vingt minutes plus tard, la respiration et les mouvements du cœur sont précipités; un sentiment de cuisson de toute la surface cutanée ne permet pas de rester plus longtemps dans l'eau; toute la peau est brûlante et d'un rouge-écarlate. Un bain aussi prolongé laisse une faiblesse très-grande, qui dure deux ou trois jours. »

Les effets produits par les bains d'acide carbonique sec sont exactement les mêmes. Voici comment s'exprime à ce sujet M. Herpin :

« Dans les premiers instants qui suivent l'immersion du corps dans la couche gazeuse, les mouvements du cœur ne sont que faiblement accélérés; mais, lorsque la durée du bain se prolonge, alors arrive la surexcitation; le pouls est plein, vif et accéléré; la chaleur devient brûlante; il y a turgescence et rubéfaction de la peau, céphalalgie, oppression, etc. Prolongé pendant trop longtemps (plusieurs heures), le bain de gaz carbonique détermine un état de stupeur, comme de paralysie; le sang veineux prend une couleur noirâtre, etc.

« Mais, lorsqu'on a pris, dans des conditions convenables, un bain de gaz carbonique, on se sent plus léger, plus dispos et plus éveillé, pendant quelques heures..... »

3° *Action sur l'œil.*

L'acide carbonique exerce sur l'organe de la vue une action irritante particulière. Lorsqu'on expose l'œil à l'action d'un jet de ce gaz, on éprouve un picotement très-vif, une sensation d'ardeur et même de brûlure si intense, que l'on peut à peine la supporter pendant deux ou trois secondes; les larmes coulent en abondance, la cornée devient très-brillante; les mouvements de l'iris sont plus rapides, la vue devient plus claire et plus perçante : aussi doit-on éviter de donner des douches de gaz carbonique sur les yeux ou sur les oreilles, lorsqu'il y a une disposition inflammatoire de l'organe ou même des parties avoisinantes; car la chaleur et l'excitation produites par ces douches pourraient quelquefois donner lieu à des congestions dangereuses.

L'action fâcheuse que ce gaz exerce à la longue sur l'organe de la vision a été vérifiée par M. Boussingault chez les mineurs des Cordilières : les *azufreros* du *Quindiu* lui ont assuré qu'ils finissent pour la plupart par éprouver un affaiblissement des organes de la vue qui chez quelques-uns va jusqu'à la cécité. Ce fait, dit M. Herpin, mérite de fixer d'une manière toute particulière l'attention des médecins attachés aux établissements où l'on administre le gaz carbonique sous forme de douches, dans certaines maladies des yeux ; car c'est précisément contre l'affaiblissement de la vue, ou l'amblyopie, que l'on fait usage en Allemagne des douches de gaz carbonique appliquées sur les yeux eux-mêmes.

4° *Action sur les surfaces ulcérées.*

Jusqu'ici nous avons vu le gaz acide carbonique agir comme un stimulant, et la sédation, le bien-être qu'il procure, n'ont lieu que consécutivement à son effet excitant. On pourrait donc s'attendre à le voir exercer sur les plaies, ou les surfaces dénudées, une action bien plus irritante encore. Eh bien! cette action est au contraire éminemment salutaire : en contact avec les surfaces ulcérées, l'acide carbonique est à la fois un agent de cicatrisation et un anesthésique local.

L'action cicatrisante est très-remarquable ; nous en reparlerons plus loin en détail. Quant à l'action analgésique, elle est loin d'être aussi constante : le plus souvent cette action n'est point immédiate ; elle est précédée d'une sensation de chaleur et de picotement qui peut même aller jusqu'à une légère douleur. Pour nous en assurer, nous avons voulu renouveler sur nous-même l'expérience de Beddoës, que nous citerons plus loin ; nous nous sommes appliqué sur la face palmaire de l'avant-bras gauche un vésicatoire de 6 centimètres sur 4; la bulle étant bien formée, nous avons enlevé l'épiderme; la sensation de cuisson douloureuse causée par le contact de l'air n'a pas tardé à se faire sentir; au plus fort de cette douleur, nous avons introduit la main et l'avant-bras dans un manchon en caoutchouc qui a été rempli de gaz acide carbonique. Le sentiment de cuisson a persisté pendant environ dix minutes tout aussi fort qu'auparavant, puis il a diminué d'intensité, mais sans cesser complétement, pour faire place à une forte sensation de chaleur, sensation éprouvée d'ailleurs par la main et l'avant-bras, qui étaient en moiteur. Comme il était resté, lors de la première introduction du gaz, une certaine quantité d'air dans le manchon, nous y avons introduit une nouvelle dose d'acide carbonique après en avoir chassé la plus grande partie du gaz primitif. Cette nouvelle introduction de gaz a ravivé la douleur qui semblait sur le point de se calmer, et nous a causé de nouveau un assez fort sentiment de cuisson, lequel a persisté cette fois plus longtemps que la première; ce n'est qu'au bout d'une demi-heure qu'il a entièrement cessé. Du reste, ayant alors retiré notre bras du manchon, le contact de l'air ne nous a causé qu'une cuisson modérée, laquelle s'est calmée rapidement.

Cette expérience toute physiologique ne prouve certainement rien pour ni contre l'action analgésique de l'acide carbonique, car cette action a été assez lente à se produire, et rien ne prouve qu'à l'air libre la douleur ne se fût calmée au bout du même temps; mais elle nous a servi à vérifier par nous-même que cette action analgésique de l'acide carbonique n'est pas aussi rapide qu'on pourrait le croire, d'après les expériences de Beddoës, que nous citerons plus bas.

Enfin nous devons noter ici un phénomène particulier qui s'est passé dans notre expérience, phénomène ayant trait à l'action cicatrisante du gaz qui nous occupe: ayant retiré notre bras du manchon, où il était resté en tout trois quarts d'heure, nous avons constaté qu'il s'était formé à la surface du vésicatoire une couche fibrineuse transparente qui le recouvrait complétement; cette couche fibrineuse, assez épaisse, sauf en deux ou trois points, ne se serait certainement pas formée avec autant de rapidité à l'air libre, et nous croyons pouvoir en attribuer la formation à l'action de l'acide carbonique.

ACTION THÉRAPEUTIQUE.

Des considérations qui précèdent, il résulte qu'au point de vue thérapeutique le gaz qui nous occupe a une double action locale :

1° Une action analgésique ;

2° Une action excitante, antiputride et cicatrisante.

Nous allons étudier séparément chacune de ces deux actions.

1° Du gaz acide carbonique comme analgésique local.

HISTORIQUE.

Dans tout ce que l'on a écrit jusqu'à présent sur le sujet qui nous occupe, on a attribué à Ingenhousz et à Beddoës l'honneur d'avoir les premiers, l'un proposé, l'autre exécuté, des expériences constatant l'action analgésique de l'acide carbonique. Il est positif en effet qu'en 1794 le Hollandais Ingenhousz conseillait à l'Anglais Beddoës l'expérience suivante :

« Appliquez, disait-il, sur votre doigt, un vésicatoire, pour mettre à nu la peau sensible : le contact de l'air vous fera éprouver de la douleur; placez alors votre doigt dans l'air vital (oxygène), la douleur augmentera, et, si vous l'exposez dans l'air fixé ou azotique, la douleur diminuera ou même cessera. »

C'est alors que Beddoës institua les expériences suivantes :

1° L'épiderme d'un vésicatoire appliqué sur le doigt fut coupé dans l'acide carbonique après que toute action des cantharides eut cessé : point de douleur.

2° Un second vésicatoire fut ouvert à l'air libre : douleur vive. Dans une vessie remplie d'acide carbonique, la douleur cessa bientôt.

3° Un troisième vésicatoire fut dénudé et placé dans l'oxygène : la douleur fut telle que le sujet croyait qu'on avait jeté du sel sur la plaie. Dans l'acide carbonique, la douleur cédait tout à fait, dans l'espace de deux minutes, pour reparaître aussitôt que la partie dénudée était replacée sous l'influence atmosphérique (1).

---

(1) Beddoës, *Considerations on the medical uses and on the production of factitious airs*, etc., p. 43, Bristol, 1795.

Mais cet effet analgésique du gaz acide carbonique avait été constaté bien auparavant. C'est à Percival que remonte la découverte de cette propriété. Ce chirurgien, qui, d'après le conseil de Priestley, avait administré l'*air fixe* dans un grand nombre de cas de phthisie pulmonaire, fut conduit par analogie à l'essayer (1772) dans des cas d'ulcères sordides (1) et de cancer, où il *modéra la douleur;* lui-même (2), ayant «un aphthe ulcéré à la pointe de la langue, trouva un grand soulagement dans l'application de l'air fixe à la partie affectée, tandis que tous les autres remèdes étaient sans effet; il tint sa langue sur un mélange effervescent de potasse et de vinaigre, et comme ce bain de vapeurs apaisait toujours la douleur et l'emportait même presque à coup sûr, il y revint toutes les fois que le tourment causé par l'ulcère était plus grand qu'à l'ordinaire.»

Ces faits étaient probablement tombés dans l'oubli, quand, vingt ans plus tard, eut lieu l'expérience de Beddoës : celle-ci fut utilisée presque aussitôt dans la pratique par un chirurgien de Bath, John Ewart, auquel on a attribué à tort la première application thérapeutique du gaz qui nous occupe. Toujours est-il qu'Ewart publia en 1794 (3) la relation de deux cas de tumeur ulcérée du sein dans lesquels l'acide carbonique, appliqué à l'aide d'une vessie maintenue sur la plaie, avait non-seulement calmé des douleurs très-intenses, mais encore modifié très-avantageusement l'aspect des plaies cancéreuses.

Il semble que ces expériences méritaient d'être continuées ou reprises par les chirurgiens du commencement de ce siècle; eh bien,

---

(1) Percival, lettre à Priestley, déjà citée, p. 395. Voir, dans la seconde partie de ce travail, le passage auquel nous faisons allusion.

(2) *Loc. cit.*, p. 397.

(3) *The history of two cases of ulcerated cancer of the mamma*, etc.; London. 1794. M. Follin en a publié le résumé dans son mémoire sur l'anesthésie locale par l'acide carbonique (*Archives gén. de méd.*, novembre 1856, p. 608).

il n'en fut rien ; les effets du gaz acide carbonique semblèrent tomber dans un profond oubli, d'où ils ne devaient sortir que dans ces derniers temps. C'est à peine si, dans cette longue période, nous trouvons à signaler un travail d'un chirurgien génois nommé Mojon, travail intitulé : *des Fumigations de gaz acide carbonique pour combattre l'aménorrhée et les douleurs qui précèdent et accompagnent l'évacuation menstruelle.* Nous n'avons pu retrouver le texte de ce travail, dont il est seulement fait mention dans le *Bulletin de thérapeutique* (1).

Le chirurgien génois est-il le premier qui ait émis cette idée? C'est ce que nous ne saurions décider : quant à la pratique d'Hippocrate, renouvelée depuis, dit-on, par Paul d'Égine et Ambroise Paré, et qui consistait à faire brûler des herbes *aromatiques* dont on dirigeait la fumée dans le vagin, dans le but de calmer les douleurs liées à la dysménorrhée, nous croyons que le père de la médecine était bien loin de se douter qu'il administrait ainsi des douches d'acide carbonique, et qu'il avait tout simplement l'intention de donner à ses malades des fumigations aromatiques.

Pour en revenir au travail de Mojon, il ne paraît pas que ce travail ait fait grand bruit lors de son apparition ; on ne voit pas que personne ait songé à suivre la pratique que conseillait l'auteur. Fidèle à la routine, on continua d'administrer en douches vaginales certaines eaux riches en acide carbonique, telles que celles de Nauheim et de Marienbad, dont on avait depuis longtemps constaté l'efficacité sédative ; on continua d'entourer de cataplasmes de marc de raisin et de levure de bière les vieux ulcères qui ne voulaient point se cicatriser, sans trop se préoccuper du mode d'action de ces divers topiques.

C'est seulement dans ces dernières années que la question a été reprise et étudiée d'une manière satisfaisante. Cette fois encore, ce

(1) T. VII, p. 350 ; 1834.

fut du Nord que nous vint la lumière : ce fut M. Simpson (d'Édimbourg), déjà connu dans la science par des travaux importants, qui eut l'idée d'appliquer les douches d'acide carbonique au traitement des affections utérines douloureuses. Déjà des essais dans le même but venaient d'être tentés, à l'aide des vapeurs de chloroforme, par M. Hardy (de Dublin), et abandonnés, faute de résultats bien concluants; on conçoit que M. Simpson, à qui le Dr Funck (de Francfort) avait certifié l'efficacité des eaux de Nauheim et de Marienbad employées en injections dans le vagin, ait été tout naturellement conduit à expérimenter les douches vaginales d'acide carbonique.

D'ailleurs le zèle et l'ardeur qu'ont mis les chirurgiens à rechercher l'anesthésie locale s'expliquent assez d'eux-mêmes : « Le rôle que joue la douleur dans les maladies est plus important que beaucoup de pathologistes ne le pensent. A lui tout seul, l'élément douleur est une cause puissante de maladie; en combattant, en détruisant cet élément, on fait souvent cesser les accidents les plus graves. » (Trousseau et Pidoux, t. II, p. 152.) D'ailleurs le but de notre art ne doit-il pas être avant tout de calmer la douleur? le malade qui ne souffre plus se croit à moitié guéri.

Mais revenons aux essais de M. Simpson. Ce praticien vit les douches d'acide carbonique procurer d'heureux résultats dans la névralgie de l'utérus et du vagin, et dans divers états morbides et déplacements des organes pelviens accompagnés de douleurs et de spasmes. Quelquefois même les organes voisins en ressentaient l'influence favorable. Ainsi il cite le fait d'une dame canadienne qui souffrait d'une affection vésicale avec dysurie; divers modes de traitement avaient déjà échoué, lorsque des injections journalières et répétées de gaz acide carbonique dans le vagin procurèrent à la malade d'abord du soulagement, puis une guérison parfaite.

Dès que les recherches de M. Simpson furent connues en France, elles furent reprises par plusieurs chirurgiens, entre autres par MM. Follin, Maisonneuve, Broca et Demarquay, qui vinrent tour à tour communiquer à la Société de chirurgie, ou publièrent dans les journaux de médecine, les résultats qu'ils obtenaient. C'est à l'aide de ces documents que nous allons exposer les effets analgésiques de l'acide carbonique; mais c'est surtout d'après les nombreux essais de M. Demarquay à la Maison municipale de santé, essais dont nous avons été témoin, que nous avons pu nous former une opinion à ce sujet: c'est donc presque exclusivement de ces faits qu'il sera question dans les pages qui vont suivre.

Action sur la peau. Nous ne mentionnerons que pour mémoire les expériences qui ont été tentées sur le tégument sain et revêtu de son épiderme; plusieurs essais faits par M. Demarquay n'ont jamais amené d'insensibilité. Chez deux malades affectés l'un d'un énorme abcès de la joue, l'autre d'une névralgie sciatique (1), le courant de gaz n'a été d'aucune utilité pour anesthésier les parties qui devaient être soumises à l'incision ou à la cautérisation transcurrente. Nous mentionnerons également deux essais négatifs : l'un de M. Follin (2), dans un cas de douleurs du poignet dues à une arthrite; l'autre de M. Verneuil (3), sur un pied qui, par suite d'un phlegmon ancien, était le siége de douleurs très-violentes.

Il ne faudrait pourtant pas, selon nous, induire de ces faits que l'acide carbonique ne peut être d'aucune utilité pour calmer les douleurs lorsque la peau n'est point ulcérée; quand un agent nouveau s'introduit dans la thérapeutique, on s'empresse de l'expérimenter de toutes les façons possibles, aveuglément pour ainsi dire, sans se rendre bien compte de l'action qu'il peut exercer ni des caa uxquels il faudrait en réserver l'application. Or rien n'est plus commun en médecine que de voir le même symptôme produit par des causes

---

(1) *Moniteur des hôpitaux*, 1er novembre 1856; observations recueillies par M. Paupert.

(2) Société de chirurgie, séance du 29 octobre 1856.

(3) *De l'Analgésie locale par l'acide carbonique* (*Revue de thérapeutique médico-chirurgicale*, 15 nov. 1856).

très-différentes. Cela est vrai surtout pour le symptôme douleur, lequel a certainement des points de départ très-variés. L'action de l'acide carbonique étant éminemment une action locale et superficielle, on comprend facilement qu'il ne puisse calmer des douleurs dont l'origine est profonde. Quant à produire l'analgésie de la peau, on a pu voir, par tous les essais infructueux d'anesthésie locale qui ont été tentés dans ces dernières années, combien cette condition est difficile à obtenir ; la raison en est probablement dans le faible pouvoir absorbant du tégument sain. D'ailleurs il ne faut pas toujours conclure des effets physiologiques d'un agent médicamenteux à ses effets thérapeutiques. Il se pourrait très-bien que l'acide carbonique, sans action sur la peau saine à l'état de sensibilité normale, réussît à calmer les hyperalgésies tégumentaires, surtout dans les régions munies d'un épiderme mince ; nous ne pensons pas que des essais positifs aient été faits dans ce genre : il serait curieux, par exemple, d'expérimenter dans les cas, assez rares il est vrai, de prurigo essentiel, c'est-à-dire lié à une simple hyperesthésie de la peau, tel que le prurigo *senilis*.

Action sur les membranes muqueuses. Les muqueuses se prêtent beaucoup mieux que la peau à l'action analgésique du gaz carbonique, et cela se conçoit aisément ; leur pouvoir absorbant est bien plus considérable que celui de la peau : or l'acide carbonique, de même que la plupart des agents de la matière médicale, n'agit évidemment qu'autant qu'il est absorbé. On verra la preuve irrécusable de cette absorption dans les injections vésicales de ce gaz, où, au bout de quelques heures, il a presque entièrement disparu. Ceci, soit dit en passant, doit donner à réfléchir sur le mode d'action de l'acide carbonique introduit dans l'estomac. Jusqu'à présent l'on a pu croire que la potion de Rivière arrête le vomissement par la distension mécanique de la poche stomacale ; ne serait-il pas bien plus vraisemblable de chercher dans l'absorption du gaz carbonique l'explication de son effet sédatif? Il y a donc là une étude à faire; mais ce n'est pas ici le lieu de nous en occuper.

Quant aux autres membranes muqueuses, leur pouvoir d'absorber l'acide carbonique n'est pas non plus douteux; sans parler des effets de ce gaz sur la muqueuse pulmonaire, nous dirons que les douches carboniques oculaires ou auriculaires constituent une pratique journalière en Allemagne; pour ce qui est de la muqueuse du vagin et de l'utérus en particulier, les essais de Mojon et les observations des chirurgiens que nous avons déjà cités ont parfaitement établi son pouvoir absorbant pour le gaz qui nous occupe.

Action sur les surfaces ulcérées. Mais c'est surtout sur les surfaces ulcérées, plaies, ulcères ou brûlures, et en particulier les ulcérations cancéreuses, que l'acide carbonique agit d'une manière vraiment efficace; l'expérience de Beddoës et les essais de John Ewart nous en ont déjà donné la preuve, et cette preuve a été promptement confirmée par les premières applications qui en ont été tentées de nos jours. Mais ici l'action analgésique n'est pas la seule exercée par le gaz; il s'y joint une action cicatrisante remarquable, action dont nous allons faire maintenant l'histoire.

2° Du gaz acide carbonique comme cicatrisant des plaies.

L'action cicatrisante de l'acide carbonique fut connue en même temps que son action analgésique. Nous avons dit (page 18) que, d'après le conseil de Priestley, Percival l'essaya avec succès contre le cancer et les ulcérations sordides. Voici d'ailleurs textuellement le passage de la lettre du chirurgien anglais à Priestley (1):

«Si l'air méphitique est capable de corriger la matière purulente

(1) *Loc. cit.*, p. 395.

dans les poumons, on peut raisonnablement inférer qu'il sera également utile, appliqué extérieurement aux ulcères sordides ; et l'expérience confirme cette conclusion. Cet air appliqué même à un cancer, tandis que le cataplasme de carotte était sans effet, a adouci la sanie, modéré la douleur, et produit une meilleure digestion. Les cas que j'ai en vue sont maintenant dans l'hôpital de Manchester, sous la conduite de mon ami, M. White.

« Deux mois se sont écoulés depuis que j'ai écrit ces observations (mai 1772), et le même remède a été appliqué assidûment pendant cette période, mais sans aucun nouveau succès. Le progrès des cancers semble être arrêté par l'air fixe, mais il est à craindre qu'on n'en obtienne pas la guérison. On peut cependant regarder comme une acquisition précieuse un remède palliatif dans une maladie aussi désespérée et aussi dégoûtante. »

D'autres chirurgiens anglais répétèrent les expériences de Percival. Mathieu Dobson exposa, dans un traité spécial (1), les avantages de l'acide carbonique dans les affections compliquées d'une disposition à la putridité, quoique cependant il assure ne l'avoir jamais vu produire, dans le cancer, d'autre effet que de corriger l'ichor.

Comme on le voit, l'acide carbonique, dans tous ces essais, était considéré comme antiseptique ; cependant ses propriétés cicatrisantes avaient été nettement entrevues et indiquées. D'ailleurs nous avons vu que, dans les expériences de John Ewart, l'acide carbonique modifia très-avantageusement l'aspect des plaies cancéreuses. Il est donc surprenant que, la question étant reprise dans ces dernières années, ce soit l'action analgésique du gaz acide carbonique qui ait principalement attiré l'attention, tandis que cette action n'est que secondaire et bien souvent infidèle. Même dans les affections utérines, où ce gaz a été essayé un grand nombre de fois, son effet cicatrisant n'est signalé que d'une manière très-accessoire par

---

(1) *Traité des vertus médicales de l'air fixe* (1780 environ).

la plupart des expérimentateurs ; on se préoccupe presque exclusivement de ses effets analgésiques.

Cela est tellement vrai, que MM. Leconte et Demarquay, qui ont, dans ces dernières années, étudié d'une manière spéciale les propriétés cicatrisantes du gaz qui nous occupe, semblent avoir été amenés à cette étude par un enchaînement d'idées tout différent : c'est en examinant les résultats des injections de gaz au sein de nos tissus (1), que ces deux expérimentateurs furent conduits à remarquer que, mis au contact des tendons divisés par une section sous-cutanée, l'acide carbonique en active d'un manière merveilleuse la réparation. Ce fait une fois constaté, il était tout naturel d'espérer que l'acide carbonique, mis au contact d'une plaie des téguments, agirait de la même manière, c'est-à-dire qu'il hâterait beaucoup la cicatrisation, si l'on parvenait à le maintenir, pendant un temps assez considérable, au contact de la plaie qu'il s'agit de modifier. Pour atteindre ce but, ils ont fait construire par M. Galante des appareils en caoutchouc, de diverses formes et de diverses longueurs, emboîtant soit la jambe ou l'avant-bras, soit même un membre presque entier. Avec un peu de précaution, l'introduction des membres dans les manchons est très-facile ; l'élasticité de leur ouverture supérieure est telle qu'elle s'applique hermétiquement sur la circonférence du membre, et s'oppose à toute déperdition du gaz. Celui-ci est introduit dans le manchon par un tube en caoutchouc, faisant corps avec le manchon lui-même, et que l'on met en communication avec l'appareil générateur de l'acide carbonique (2). Il va sans dire que l'on commence par chasser autant que possible l'air contenu dans le manchon ; une fois l'appareil rempli de gaz, on ferme le tube en caoutchouc au moyen d'une ligature. De cette

(1) Voir le mémoire publié dans les *Archives gén. de méd.*, juillet et août 1859.

(2) Voir les figures publiées dans le *Bulletin de thérapeutique*, 1860, t. LVIII, p. 229.

façon, il est facile de maintenir les membres pendant plusieurs heures dans un bain gazeux, sans aucune fatigue pour le malade.

Pour les autres parties du corps, le tronc en particulier, il est nécessaire d'employer d'autres récipients, tels que des manchons en forme de vessie ouverte sur l'une de ses circonférences, et munis d'un bord plat, que l'on peut coller sur la peau à l'aide de sparadrap ou de collodion. On peut encore se contenter d'employer une vessie membraneuse, molle et humide, à demi pleine de gaz, que l'on maintient, en guise de cataplasme, sur la plaie à cicatriser. Le gaz transsudant à travers les pores de la vessie vient produire son effet au contact de la plaie.

A l'aide de ces divers appareils, il sera facile de constater l'action excitante, détersive et cicatrisante de l'acide carbonique, surtout dans les cas de plaies indolentes et de mauvais aspect.

Nous n'insisterons pas sur l'action hémostatique que l'on a voulu attribuer à ce gaz. Si les hémorrhagies liées au cancer utérin cessent ou deviennent moins fréquentes sous l'influence des injections d'acide carbonique, nous pensons que cela tient seulement à l'amélioration produite sur l'ulcération cancéreuse, par suite de l'effet détersif et cicatrisant de ce gaz ; nous croyons seulement important de noter, comme l'a fait M. Ch. Bernard, que dans les cas où les injections gazeuses ont été continuées malgré l'apparition des règles, il n'y a eu ni suspension ni augmentation du flux menstruel.

Maintenant, que nous avons étudié les propriétés du gaz acide carbonique, nous allons passer en revue les diverses affections auxquelles on en a fait l'application ; cette revue formera le complément indispensable de l'étude thérapeutique de ce gaz.

1° *Affections de l'utérus.*

C'est aux affections douloureuses de l'utérus qu'ont été faites les premières et les plus nombreuses applications du gaz acide carbonique. Nous n'avons pas ici l'intention d'analyser chacune de ces applications, ni même d'en présenter un résumé statistique. Après avoir eu un instant l'idée de prendre nous-même des observations rigoureuses dans ce sens, nous avons dû y renoncer promptement, vu la monotonie du résultat, qui était constamment affirmatif ou douteux, rarement tout à fait négatif. Qu'importe, en effet, de savoir la proportion exacte de succès obtenus par chaque expérimentateur, proportion éminemment variable d'ailleurs suivant la nature de l'affection, suivant les malades et les chirurgiens! Il est certain que l'acide carbonique ne produit pas toujours de soulagement; mais il est plus incontestable encore que dans la majorité des cas, il réussit à calmer les douleurs, celles surtout qui sont liées à une dégénérescence cancéreuse. C'est d'ailleurs contre ces dernières que les douches de ce gaz ont été le plus employées; elles forment actuellement encore une pratique journalière à la Maison municipale de santé.

Il n'est pas toujours facile d'expliquer la raison de cette différence d'action; cependant, comme il est aujourd'hui bien démontré que l'acide carbonique agit avec beaucoup plus d'efficacité sur les surfaces dénudées, il est clair que les affections de l'utérus dans lesquelles il n'existera point de plaies du col, telles que les cancers du corps de cet organe, se prêteront beaucoup moins à l'action analgésique de l'acide carbonique.

Mais, si l'effet analgésique de ce gaz sur les douleurs liées aux affections de l'utérus n'est pas constant, il n'en est pas de même de ses effets détersifs et désinfectants sur les ulcérations carcinomateuses du col de cet organe; parfois même cet effet va jusqu'à produire une sorte de cicatrisation, en sorte que l'état de la malade semble un moment s'améliorer. Il n'est pas douteux pour nous que cet effet cicatrisant ne doive se produire rapidement dans la plupart des cas d'ulcération simple du museau de tanche, que l'on traite habituellement par la cautérisation; il y aurait là, nous le croyons, une nouvelle série d'études à faire.

Pour en revenir au cancer utérin, nous avons été témoin nous-même, bien des fois, des résultats que nous venons d'énoncer, à la Maison municipale de santé; ils ont été d'ailleurs obtenus par tous les expérimentateurs. Ainsi on peut lire, dans le mémoire de M. Ch. Bernard (obs. 1re), le fait d'une malade chez laquelle existait une ulcération cancéreuse pénétrant dans le col utérin, ulcération dont la surface était bourgeonnante et livrait passage à une sérosité sanguinolente très-fétide; après deux mois de traitement par les injections d'acide carbonique, l'ulcère avait disparu, le col était devenu lisse et n'offrait plus que deux ou trois petits boutons rougeâtres; l'état général, gravement compromis lors de l'entrée de la malade à la Charité, s'était bien amélioré; le teint était devenu coloré; en un mot, il y avait eu un changement bien notable et très-satisfaisant dans son état.

Nous mentionnons ce fait comme exemple; nous pourrions en citer plusieurs autres analogues observés par M. Demarquay. Mais nous croyons avoir suffisamment prouvé ce que nous avançons.

D'ailleurs ce n'est pas seulement quand il existe des ulcérations que l'acide carbonique agit avec efficacité : l'action résolutive de ce gaz sur les engorgements du col utérin est parfaitement démontrée. M. le Dr Lejuge, dans sa thèse (1858), cite trois cas dans lesquels, « sous l'influence des douches gazeuses, la consistance du col a diminué, l'utérus a repris son volume normal, et les malades ont quitté l'hôpital, débarrassées de leurs douleurs et de leur engorgement. »

On a également obtenu un grand soulagement dans les cas de névralgies utérines sans altérations du col, de même encore dans des cas de phlegmon circum-utérin.

Dans les premières expériences de M. Simpson, on voit que ce gaz produisit de très-heureux effets chez une malade très-affaiblie et réduite à rester continuellement couchée, par suite d'un abaissement de la matrice et de sensations douloureuses dans cet organe et dans les parties voisines, particulièrement quand elle essayait de s'asseoir ou de marcher. Cette dame finit par recouvrer, en grande partie, la possibilité de marcher et complétement celle de se tenir debout, résultat qu'elle attribuait elle-même à l'application du gaz carbonique (1).

La pénétration du gaz dans le vagin donne lieu à une sensation de fraîcheur suivie de légers picotements, et bientôt après d'une chaleur douce et pénétrante dans tout le bassin, et d'une diminution plus ou moins sensible des douleurs dont l'utérus est le siége. La diminution des douleurs se produit toujours rapidement, mais elle est rarement de longue durée : au bout de quelques heures, l'analgésie se dissipe, et il faut avoir recours à de nouvelles douches gazeuses pour combattre le retour des douleurs. D'ailleurs ces douches peuvent sans inconvénient être répétées plusieurs fois par jour.

Dans les expériences de M. Ch. Bernard, à la Charité, il y aurait eu non-seulement soulagement très-notable, mais encore de véritables accidents d'intoxication chez des femmes affectées de simples engorgements du col utérin (2). « Ces accidents, tout à fait analogues à ceux qu'on observe au commencement de l'asphyxie par le gaz du charbon, consistent en céphalalgie, bourdonnements d'oreille, étourdissements, nausées, somnolence continuelle, faiblesse très-grande. Chez une malade, il y eut en outre, pendant quelques jours, de l'incontinence d'urine; ces symptômes se sont manifestés deux fois avec la plus grande intensité et très-rapidement à la suite des injections. »

Franchement ce tableau nous semble bien exagéré : nous n'avons jamais vu les douches d'acide carbonique produire d'accidents de ce genre; les seuls inconvénients que nous ayons vu, dans un très-petit nombre de cas, résulter de l'emploi continu de ces douches, ont consisté en un sentiment d'agacement nerveux et d'irritation locale qui forçaient les malades à en suspendre l'usage; quelques jours de

---

(1) *Edinburgh medical journal*, juillet 1856.

(2) Voir les *Archives gén. de méd.*, nov. 1857, p. 529, obs. 3 et 5.

repos suffisaient pour leur permettre d'y avoir de nouveau recours et de s'en bien trouver. Nous ne saurions donc nous rendre compte de la nature des accidents observés par M. Ch. Bernard dans ce cas particulier.

Nous devons également faire toutes nos réserves à propos d'un fait malheureux rapporté par M. Scanzoni (1), fait dans lequel on semble imputer à l'acide carbonique la mort de la malade.

« Il s'agit d'une femme enceinte, à laquelle, par suite d'une erreur de diagnostic, on se disposait à pratiquer la résection du museau de tanche, qui se présentait à la vulve sous forme d'une tumeur bleuâtre, crevassée, du volume d'une petite pomme. Le médecin traitant, père de la patiente, eut l'idée d'injecter de l'acide carbonique dans la cavité du col pour se mettre à l'abri d'une hémorrhagie trop abondante. Cette injection fut faite à l'aide d'un appareil convenable ; mais à peine quelques pouces cubes de gaz eurent-ils pénétré dans le col que la malade s'écria que l'air lui pénétrait dans le ventre, le cou, la tête; des convulsions tétaniques générales survinrent ensuite, puis une longue agonie et la mort au bout d'une heure trois quarts. On ne trouva à l'autopsie, comme lésion à laquelle on pût rapporter la mort, qu'un œdème pulmonaire très-considérable; la matrice contenait un œuf intact au quatrième mois. »

Cependant nous devons dire qu'un fait analogue vient d'être communiqué à la Société de chirurgie (2) par M. Depaul, fait dans lequel une femme en état de gestation aurait succombé instantanément par suite de l'introduction de l'air dans les sinus utérins : explication vraisemblable, mais qui n'a pu être vérifiée par l'autopsie. Cette manière de voir est-elle applicable au fait de M. Scanzoni? Y a-t-il eu dans ce cas une déchirure veineuse produite par l'introduc-

---

(1) Dans le tome III de ses *Beiträge zur Geburtskunde und Gynäkologie*, 1858, p. 181.

(2) Séance du 4 juillet 1860.

tion de la canule destinée à la pénétration du gaz, ou existait-il, par suite de la maladie, quelque plaie béante des sinus utérins? C'est ce qu'il est impossible d'affirmer, d'autant plus que l'observation dont nous venons d'emprunter textuellement le résumé à la *Gazette hebdomadaire* (1858, page 741) est excessivement obscure, vague et incomplète; il ne paraît même pas que M. Scanzoni ait été témoin du fait qu'il raconte. D'ailleurs le journal allemand (1) où se trouve cette observation a soin d'ajouter que MM. Breslau et Vogel (de Munich), ayant institué une série d'expériences sur des lapines gravides, constatèrent que «l'injection, même prolongée, d'une grande quantité d'acide carbonique dans le vagin ou dans le péritoine, à l'état de gestation, n'exerça aucune influence défavorable sur leur santé générale ni sur la vie du fœtus; la gestation même n'éprouva aucune modification d'injections intra-vaginales abondantes, prolongées pendant une demi-heure. En faisant l'injection, même sous une pression considérable, dans le vagin ou dans l'utérus, dix-huit heures après la délivrance, on ne produisit nul accident,» etc.

Nous sommes donc obligés de rester dans le doute à cet égard, sans trop prévoir quand ce doute pourra être éclairci par les faits; car, depuis le cas malheureux que nous venons de citer, M. Scanzoni lui-même semble avoir renoncé aux injections intra-utérines d'acide carbonique, qu'il avait conseillées comme moyen de produire l'accouchement prématuré. Quoi qu'il en soit, nous engageons les praticiens qui auraient à publier ultérieurement des faits de ce genre à en contrôler rigoureusement les moindres détails avant de les livrer à la publicité; un seul fait bien observé est plus utile aux progrès de la science que cent observations défectueuses.

Quant à l'appareil à employer pour obtenir un dégagement de

(1) *Wiener medizinische Wochenschrift*, 11 septembre 1858.

gaz acide carbonique, nous n'y attachons pas une grande importance; en définitive, c'est toujours un flacon où s'opère la réaction d'un acide sur un carbonate, et muni d'un tube de dégagement flexible, conduisant le gaz sur les surfaces malades. Cependant nous donnerions la préférence à l'appareil construit par M. Mondollot sur les indications de M. Demarquay, appareil assez semblable aux seltzogènes communément employés (1). Il se compose de deux ballons en cristal fortement clissé, pouvant se visser l'un sur l'autre. Le supérieur, plus petit, est rempli de bicarbonate de soude, et l'inférieur, de grande capacité, contient une quantité assez considérable d'eau fortement acidulée. Une valve est placée au point de réunion des deux ballons; en lui imprimant un mouvement de bascule, on fait tomber dans l'eau acidulée autant de bicarbonate qu'il en faut pour maintenir le dégagement d'acide carbonique; la tension du gaz est indiquée par un petit manomètre métallique, situé sur la tige qui unit les deux ballons. On peut sans inconvénient maintenir une tension de deux ou trois atmosphères; il ne serait pas prudent de dépasser cette limite.

Cet appareil est journellement employé dans le service de M. Demarquay, à la Maison municipale de santé : l'usage en est simple et très-commode, l'innocuité complète; il peut sans inconvénient être mis entre les mains des malades; la tension du gaz étant constamment sous les yeux, on l'augmente ou on la diminue suivant le besoin.

2° *Affections de la vessie.*

Parmi les applications analgésiques du gaz carbonique, celle des injections vésicales devait se présenter une des premières à l'esprit; la grande facilité de son introduction, l'étendue et le pouvoir absorbant de la muqueuse avec laquelle il se trouve en contact, tout

(1) Voir la figure de l'*Union médicale*, 7 mars 1857.

concourt en effet à rendre cette application éminemment rationnelle. Nous avons vu (page 20) qu'un des premiers essais de M. Simpson eut lieu chez une dame atteinte de vives souffrances, par suite de dysurie et d'une irritabilité excessive de la vessie. Il est vrai qu'ici le gaz fut administré en douches vaginales. C'est principalement chez l'homme que les injections vésicales de ce gaz ont été essayées, et cela le plus souvent avec succès. Ici, comme pour l'utérus, les douches carboniques ne sont le plus souvent qu'un palliatif temporaire, qu'un sédatif de la douleur. Toutefois, comme le fait observer M. Broca (1), dans les affections vésicales la douleur joue un rôle tout spécial, et donne lieu à un symptôme qui complique, entretient et aggrave beaucoup la maladie : nous voulons parler des envies fréquentes d'uriner, des épreintes qui, plusieurs fois par heure, obligent le malade à faire des efforts de miction. La muqueuse, dont la sensibilité est exagérée, ne peut supporter la moindre distension, et il suffit de quelques gouttes d'urine pour provoquer du ténesme et des efforts d'expulsion d'autant plus pénibles que la vessie n'a presque rien à expulser. La souffrance, quelquefois considérable, qui précède, accompagne et suit chaque miction, n'est peut-être pas ce qu'il y a de plus fâcheux dans cet état; les contractions continuelles de l'organe malade sont de nature à entretenir l'inflammation et même à l'accroître. On s'explique ainsi comment l'injection d'acide carbonique dans la vessie enflammée peut exercer, dans certains cas, une action en quelque sorte résolutive, et comment on a pu obtenir une guérison complète et définitive là où l'on ne cherchait qu'une palliation temporaire.

C'est effectivement contre le ténesme et la dysurie liés à la cystite soit aiguë, soit chronique, qu'agit le plus efficacement l'acide carboni-

---

(1) *Des Injections de gaz acide carbonique dans la vessie* (*Moniteur des hôpitaux*, 4 août 1857).

que. Des malades qui depuis longtemps ne pouvaient garder leur urine plus d'une demi-heure ont pu, à l'aide de ce moyen, rester plusieurs heures sans uriner. L'effet du gaz sur la muqueuse vésicale se prolonge beaucoup plus longtemps que sur celle du vagin ou du col utérin; ce qui d'ailleurs s'explique aisément par la durée beaucoup plus grande du contact du gaz emprisonné dans une cavité close. Sans doute l'acide carbonique introduit dans la vessie ne tarde pas à être soumis à l'absorption; au bout d'une heure ou deux, on s'assure aisément par la percussion que le volume de la masse gazeuse est notablement diminué; cependant l'absorption est généralement assez lente pour qu'une certaine quantité de gaz reste dans la vessie jusqu'à la première miction, même quand celle-ci n'a lieu qu'au bout de trois à quatre heures. Les malades alors sentent très-bien que quelque chose comme de l'air traverse leur canal en même temps que l'urine. Après cette première miction, il ne reste plus de gaz dans la vessie, ou du moins il en reste une quantité trop faible pour être reconnue à la percussion; néanmoins l'effet analgésique se prolonge jusqu'au lendemain matin.

On pourrait se demander si le soulagement remarquable produit par l'injection gazeuse est spécial au contact de l'acide carbonique, et n'est point dû à la présence mécanique d'une couche élastique de gaz dans la cavité vésicale. En réponse à cette objection, nous citerons l'expérience suivante de M. Broca :

Chez un jeune homme atteint depuis deux ans de cystite, et auquel les injections d'acide carbonique avaient procuré un grand soulagement et une amélioration notable, on injecta un matin de l'air atmosphérique, de la même manière que les jours précédents. Quoique le malade n'eût pas été prévenu de ce changement, il accusa au moment de l'opération une douleur beaucoup plus vive que de coutume: le lendemain il annonça qu'il avait souffert jusqu'au soir, et qu'il avait uriné deux ou trois fois par heure pendant la nuit aussi bien que pendant le jour. Il était découragé, croyant que les douches gazeuses avaient cessé d'agir; il ne fut rassuré que par une nouvelle injection d'acide carbonique, qui eut une pleine efficacité.

Ainsi c'est bien à la nature du gaz injecté que doit être attribuée l'action analgésique.

A propos du mode d'administration de ces douches vésicales, nous devons faire une recommandation : les expériences de M. Broca ont été faites à l'aide d'une vessie remplie de gaz, dont on faisait passer le contenu dans le réservoir urinaire au moyen d'une sonde ordinaire; le procédé est peu élégant et d'un emploi peu commode. Il est plus simple d'employer là aussi l'appareil Mondollot à dégagement continu; mais alors il faut se servir d'une sonde *à double courant,* afin que le gaz en excès puisse s'échapper de la vessie. Il faudra en outre bien observer la région hypogastrique, parce que, si l'un des yeux de la sonde venait à être bouché momentanément, le gaz, en distendant outre mesure le réservoir urinaire, pourrait en amener la rupture, accident dont on conçoit toute la gravité. Cependant, dans un fait dont nous avons été témoin à la Maison municipale de santé, voici ce qui se passa : M. Demarquay administrait lui-même une douche vésicale de ce gaz à l'aide d'une sonde à double courant et de l'appareil à dégagement continu chez un malade atteint de cystite chronique; il lui sembla que le gaz, après avoir pénétré dans la vessie, ne s'échappait point au dehors par l'orifice de sortie. Au moment où il allait porter la main sur l'abdomen pour voir si le réservoir urinaire était distendu outre mesure, le malade s'écrie que sa vessie se crève, et que le gaz lui remonte partout. En effet, il se produit instantanément une forte intumescence de l'abdomen avec de vives douleurs; M. Demarquay inquiet s'empresse d'interrompre le courant gazeux, en retirant la sonde, dont il trouva l'un des yeux bouché par du mucus. Le lendemain grande fut sa surprise de trouver le malade en parfaite santé : il avait continué à souffrir pendant environ deux heures après l'injection; mais, au bout de ce temps, tout s'était calmé; et le ventre était revenu à son état normal.

On comprendra aisément qu'en relatant ce fait, nous soyons obligé de faire toutes nos réserves : il y a vraisemblablement eu quelque apparence trompeuse; peut-être s'agissait-il d'un simple météorisme intestinal, dont il serait pourtant difficile d'expliquer la production subite. Cependant, malgré son invraisemblance, nous avons cru devoir ne pas le passer sous silence; peut-être offrira-t-il un jour un rapprochement utile aux médecins qui pourraient être témoins de cas analogues. Nous avons cru surtout devoir le faire, comme contre-partie du cas malheureux publié par M. Scanzoni.

3° *Plaies, brûlures, ulcères, etc.*

Les expériences de Beddoës, que nous avons citées plus haut, ont pu faire prévoir les heureux effets analgésiques de l'acide carbonique sur les surfaces dénudées par suite de brûlure ou de plaie, et de nombreuses expériences, entre autres celles de M. Maisonneuve (1), n'ont laissé aucun doute à cet égard; il y a donc avantage à entourer les surfaces malades d'une atmosphère gazeuse, qui non-seulement les empêche d'être douloureuses, mais encore en active la cicatrisation, comme nous l'avons vu déjà.

Mais c'est surtout sur les plaies indolentes, diphthéritiques, gangréneuses, en un mot de mauvaise nature, que cette influence cicatrisante de l'acide carbonique est vraiment remarquable. MM. Leconte et Demarquay out déjà pu observer un assez grand nombre de faits de ce genre ; nous citerons entre autres les cas suivants, que notre mémoire nous rappelle.

1° Un homme atteint d'une tumeur blanche tibio-tarsienne avec fusées purulentes et trajets fistuleux fut soumis aux bains locaux d'acide carbonique à l'aide de l'appareil que nous avons décrit plus haut; au bout d'assez peu de temps, l'aspect des plaies fut très-heureusement modifié.

2° Il en fut de même chez un homme atteint depuis 7 mois d'ulcè-

---

(1) Voir la *Gazette des hôpitaux*, 1856, page 502.

res gangréneux des jambes jusque-là inguérissables, et qui se détergèrent et se cicatrisèrent complétement sous l'influence de l'acide carbonique.

3° Mais c'est surtout chez une femme âgée, ayant depuis trois mois aux genoux des plaies diphthéritiques avec apparence gangréneuse, suite de l'application de vésicatoires, que nous avons vu l'acide carbonique produire des résultats efficaces ; sous l'influence des applications gazeuses, on put voir la cicatrisation marcher en quelque sorte à vue d'œil. Cette femme a quitté la Maison de santé parfaitement guérie.

4° Nous citerons encore un employé du chemin de fer du Nord qui avait eu le pied écrasé ; il en était résulté une plaie réfractaire à la guérison. Ce malade était depuis 9 mois à la Maison de santé sans que la plaie semblât marcher vers la guérison. On eut alors recours aux applications de gaz : le pied malade fut enfermé avec persévérance dans le manchon à acide carbonique, et soumis à de nombreux bains gazeux ; par ce moyen, on put obtenir assez promptement une cicatrisation parfaite.

5° M. le professeur Gosselin, qui lui aussi a fait à l'hôpital Beaujon quelques essais de l'acide carbonique comme cicatrisant des plaies, nous a assuré avoir retiré de ces essais, quoique incomplets, une opinion favorable à l'influence cicatrisante de l'acide carbonique. Il a bien voulu nous citer entre autres deux cas : dans l'un il s'agissait d'une femme ayant à la fesse une plaie très-lente à se cicatriser ; sous l'influence de quelques douches de gaz carbonique, cette plaie prit un aspect bien meilleur, et semblait vouloir se cicatriser, quand la malade voulut quitter l'hôpital pour retourner dans son pays. Dans l'autre cas, il s'agit d'une plaie de tête : quelques douches d'acide carbonique, administrées à l'air libre, ont produit un assez bon résultat ; depuis la plaie a marché régulièrement vers la cicatrisation.

6° Enfin tout récemment nous avons vu mettre en œuvre cet agent de cicatrisation chez un homme atteint de chancres phagédéniques de la verge excessivement rebelles. Les applications gazeuses, faites à l'aide de fourreaux en baudruche suffisamment larges pour ne pas froisser la verge et contenir une certaine quantité de gaz, n'ont pas été assez nombreuses pour qu'on puisse leur attribuer d'une manière positive l'amélioration qui a succédé à leur emploi; cependant elles semblent avoir donné comme un coup de fouet à ces ulcères si rebelles à la cicatrisation. Il y a là de nouvelles expériences à faire, et l'analogie permet de supposer qu'elles devront réussir dans un grand nombre de cas.

Il est à regretter que l'action détersive et cicatrisante de l'acide carbonique n'ait pu être essayée jusqu'ici dans des cas de pourriture d'hôpital; mais les faits de ce genre sont tellement rares à la Maison municipale de santé, où les conditions hygiéniques sont excellentes, que M. Demarquay n'a pu avoir jusqu'ici l'occasion d'en faire l'essai.

4° *Affections cancéreuses.*

Quant aux ulcérations résultant de la diathèse cancéreuse, celles du sein par exemple, l'acide carbonique produit sur elles son effet détersif habituel; quelquefois il modère l'intensité des douleurs; quelquefois il améliore l'aspect de la plaie et semble en amener la cicatrisation, ainsi qu'on a pu le voir dans les expériences de Percival et de John Ewart. Mais son effet le plus constant est de désinfecter la plaie et d'en aviver la surface, résultat très-avantageux dans certains cas. Ainsi M. Demarquay nous a cité un fait de sa pratique particulière, dans lequel il s'agissait d'une dame ayant un cancer ulcéré du sein qui exhalait une odeur excessivement fétide, au point que sa chambre en était infectée. Sous l'influence des douches gazeuses administrées régulièrement deux fois par jour, la mauvaise odeur disparut complétement, la plaie se détergea et prit un bon aspect; bref, cette dame reprit une excellente apparence de santé. Elle est morte, quinze mois après, d'une pleuro-pneumonie.

Un fait analogue a été observé par M. Leconte, qui a bien voulu nous le communiquer. Il s'agit pareillement d'une dame atteinte d'un cancer ulcéré du sein. Les côtes étaient à nu, et l'on voyait la plèvre costale; la plaie exhalait une odeur extrêmement fétide. La malade fut soumise par M. Leconte aux effets de l'acide carbonique (3 douches par jour et application permanente d'une vessie molle à demi pleine de gaz). Sous l'influence de ce traitement, la plaie diminua des deux tiers, les côtes dénudées se recouvrirent de bourgeons charnus. Voilà pour l'effet cicatrisant; l'action analgésique fut moins marquée : cependant cette malade, qui, au début du traitement, était obligée de prendre tous les jours 60 centigrammes de chlorhydrate de morphine pour calmer ses douleurs, ne prenait plus que 5 grammes de laudanum de Sydenham, ce qui correspond à une faible dose de morphine.

Mais ce qu'il y eut surtout de remarquable, ce fut l'action désinfectante, action tellement caractérisée, que l'odeur fétide de la plaie avait complétement disparu, comme dans le cas précédent. Cette action désinfectante est telle, que M. Leconte préfère de beaucoup à cet effet l'emploi de l'acide carbonique à celui du coaltar, tant vanté dans ces derniers temps.

On a aussi employé les injections gazeuses dans le rectum dans les cas de cancer de cet organe; ces injections ont pour effet de déterger la plaie et de calmer temporairement les douleurs.

Enfin on conçoit qu'on pourrait les essayer avec précaution dans les cas de cancer de la langue, mais jusqu'à présent nous n'avons connaissance d'aucun essai de ce genre.

5° *Affections des yeux.*

Nous ne citons ici que pour mémoire les essais de douches oculaires, employés surtout en Allemagne, et qui n'ont donné en France que des résultats assez peu importants. Ainsi une douche oculaire de ce gaz, administrée par M. Follin chez une jeune fille atteinte d'une kératite très-douloureuse, ne calma la douleur que d'une manière incomplète et au bout d'un certain temps.

6° *Affections des voies respiratoires.*

Nous ne mentionnerons également que pour mémoire les effets analgésiques de l'acide carbonique sur la muqueuse de la trachée et des poumons, effets qui paraissent assez bien établis par de nombreux essais de M. Simpson (1), dans des cas de bronchite chronique, d'asthme, de toux nerveuse, etc. N'ayant été témoin d'aucun fait de ce genre, il nous est impossible d'avoir une conviction à cet égard ; néanmoins ces essais nous semblent dangereux, à cause de la difficulté de graduer la dose d'acide carbonique employé en inhalations.

Nous ferons également nos réserves à propos du fait cité par MM. Osann et Vogel, relatif à un célèbre chanteur de l'opéra de Vienne, qui, ayant perdu la force et l'étendue de sa voix par suite d'une maladie inflammatoire des organes de la respiration, fut complétement rétabli par l'inhalation d'air chargé de gaz carbonique, dans l'établissement d'Eger Franzensbad (Bohême). Cependant ce résultat nous semble fort possible, vu les propriétés excitantes de ce gaz ; mais jusqu'à présent il est resté unique dans la science.

---

(1) *Edinburgh medical journal*, 12 juin 1858.

CONCLUSION.

Comme on a pu le voir dans le cours de ce travail, les usages chirurgicaux de l'acide carbonique offrent encore de nombreux *desiderata* que nous avons signalés aux recherches du public médical; cependant il nous a paru utile d'appeler l'attention sur un sujet qui ouvre à la thérapeutique une voie nouvelle, l'application extérieure des gaz au traitement des maladies.

Jusqu'à présent les fluides gazeux n'avaient été essayés qu'en inhalations dans les affections thoraciques, notamment dans les cas de phthisie pulmonaire, et l'on sait que ces tentatives n'ont pas été encourageantes : peut-être y a-t-il dans leur application extérieure une foule de bons effets à découvrir.

L'acide carbonique est jusqu'à présent le seul gaz dont on ait fait l'application à la thérapeutique chirurgicale; tout porte à croire que les expériences ultérieures viendront confirmer les résultats positifs obtenus jusqu'ici et élucider ceux qui sont encore douteux.

Nous croyons donc pouvoir dire que cette question est loin d'avoir encore dit son dernier mot; elle nous semble actuellement un peu trop négligée : à part MM. Leconte et Demarquay, qui poursuivent avec persévérance les expériences qu'ils ont entreprises, à part M. le professeur Gosselin, dont l'attention est également attirée sur ce sujet, nous ne savons pas qu'aucun chirurgien s'en occupe d'une manière active. Nous serions heureux qu'il en fût autrement, et que notre travail suscitât de la part de quelqu'un des praticiens distingués de nos hôpitaux un intéressant mémoire contenant ses observations personnelles à cet égard.

Pour notre part, peut-être reprendrons-nous plus tard d'une manière plus complète le sujet de la cicatrisation des plaies sous l'influence de l'acide carbonique; nous attendrons pour cela que les expériences de MM. Leconte et Demarquay, ou celles des autres praticiens, se soient assez multipliées pour nous donner une opinion nette et rigoureuse, et que nous puissions déterminer d'une manière positive quels sont les cas où l'acide carbonique peut être employé avec succès.

www.ingramcontent.com/pod-product-compliance
Ingram Content Group UK Ltd.
Pitfield, Milton Keynes, MK11 3LW, UK
UKHW020413220726
13923UKWH00004B/1913